Olumuyiwa Olarotimi

Previsão da produção de esperma em patos de coelho Oryctolagus Cuniculus

Olumuyiwa Olarotimi

Previsão da produção de esperma em patos de coelho Oryctolagus Cuniculus

ScienciaScripts

Imprint

Cover image: www.ingimage.com

This book is a translation from the original published under ISBN 978-3-659-83087-7.

Publisher:
Sciencia Scripts
is a trademark of
Dodo Books Indian Ocean Ltd. and OmniScriptum S.R.L publishing group

120 High Road, East Finchley, London, N2 9ED, United Kingdom
Str. Armeneasca 28/1, office 1, Chisinau MD-2012, Republic of Moldova, Europe
Printed at: see last page
ISBN: 978-620-8-25806-1

Índice:

PREDIÇÃO DA PRODUÇÃO DE ESPERMES EM COELHOS DE COELHO (*Oryctolagus cuniculus*) ATRAVÉS DE MEDIDAS DO PESO CORPORAL, DA LINEARIDADE CORPORAL E DA GENITÁLIA EXTERNA

POR OLAROTIMI, OLUMUYIWA JOSEPH
B. Agric. (Ciência Animal), M.Sc. (Fisiologia da Reprodução Animal)
Ibadan, Nigéria.

RESUMO

A experiência investigou a capacidade de reprodução de coelhos machos com base na produção diária de esperma. Foram investigadas as relações entre os pesos corporais (BWT), as medidas lineares corporais (BLM) e os órgãos genitais externos. Foi utilizado um total de dez coelhos púberes para o estudo. As idades médias e os pesos vivos não foram significativamente diferentes ($Pr > 0,05$)

A produção diária de esperma (DSP) foi estimada usando a técnica de homogeneização. Os resultados mostraram uma baixa correlação ($r = 0,25$, $P>0,05$) entre o peso corporal (BWT) e a produção diária de esperma (DSP), implicando que o BWT não poderia ser um bom preditor da DSP.

Entre os BLM estudados, o comprimento da orelha (CE) apresentou a maior correlação ($r = 0,46$, $P>0,05$) com a DSP, seguido pelo comprimento da cauda (CP) ($r = 0,38$, $P>0,05$), e depois pela circunferência do coração (CCA) ($r = 0,35$, $P>0,05$).

O peso testicular emparelhado (PTW) teve uma correlação alta e positiva significativa ($r = 0,64$, $P>0,01<0,05$) com o DSP, o peso epididimário emparelhado (caudal) também teve uma correlação alta, positiva e significativa ($r = 0,78$, $P<0,01$) com o DSP. Tanto o comprimento escrotal pareado (PSL) como o diâmetro escrotal pareado (PSD) tiveram uma correlação positiva mas não significativa ($r = 0,40$, $P>0,05$) cada um com a DSP

As medições da BLM, da genitália externa e das caraterísticas pós-abate foram submetidas a uma análise de regressão, utilizando a PSD como variável dependente, a fim de obter equações de previsão da PSD a partir das caraterísticas estudadas. Foram determinados os coeficientes de determinação (R^2) para as funções ajustadas. O R^2 variou de 0,00 a 1,15

A partir do estudo, parece que o ERL pode ser um indicador melhor e mais útil para prever a DSP do que qualquer uma das medidas lineares do corpo, enquanto a PSD ou a PSL podem ser utilizadas para prever a DSP.

CAPÍTULO 1

1. 0INTRODUÇÃO

A crise alimentar que assola os países em vias de desenvolvimento, muito especialmente os africanos, resultou atualmente numa população subnutrida. Esta situação aumentou significativamente a procura de alimentos, especialmente os de origem animal. O nível de consumo de proteínas animais tem influência direta no bem-estar geral e na saúde da população. A má nutrição em alguns países está intimamente associada à falta de proteínas na dieta. É evidente que a dieta dos cidadãos médios da maioria dos países em desenvolvimento é pobre em proteínas animais. São ingeridos diariamente muitos hidratos de carbono e fibras, com pouca ingestão de proteínas para equilibrar a dieta. Isto, consequentemente, leva a várias síndromes de deficiência. Satisfazer a ingestão de proteínas animais da população em grande número dos países em desenvolvimento deve ser um desafio contínuo para os cientistas animais da região.

A Organização das Nações Unidas para a Alimentação e a Agricultura (FAO/OMS/UNU, 1985) recomendou uma ingestão total de proteínas de 0,75 g/kg/dia, dos quais 0,3 g/kg/dia (40%) devem ser de origem animal para o crescimento e desenvolvimento normais do ser humano. Também foi relatado que a ingestão média de proteínas na Nigéria, por exemplo, é de 51,7 g, com apenas 8,6 g provenientes de fontes animais, contra a recomendação da FAO de 60 g, dos quais 35 g devem provir de fontes proteicas (FAO, 1992; Adetunji e Adepoju, 2011), enquanto o restante é obtido a partir de proteínas vegetais. Este valor está muito abaixo do que é possível obter nos países desenvolvidos, onde o consumo médio de proteínas per capita é superior a 70 g, com mais de 55 g de proteínas animais (Ikeme, 1990). Abdullahi (1999) afirmou que o consumo médio de proteínas animais por habitante e por dia na América do Norte, na Europa Ocidental e na Europa Oriental era de 66 g, 39 g e 33 g por habitante e por dia, respetivamente.

O quadro seguinte mostra o consumo diário de proteínas per capita de cada país.

Nome do país	**Consumo de proteínas na dieta (g/pessoa/dia) 1990-92**	**Alimentação Consumo de proteínas (g/pessoa/dia) 1995-97**	**Alimentação Consumo de proteínas (g/pessoa/dia) 2000-02**	**Alimentação Consumo de proteínas (g/pessoa/dia) 2005-07**
Albânia	80	94	96	99
Argélia	78	78	81	86

Angola	34	36	40	43
Antígua e Barbuda	83	75	70	82
Argentina	95	100	99	94
Arménia	58	58	64	70
Austrália	106	105	102	106
Áustria	103	106	111	107
Azerbaijão	64	63	72	86
Bahamas	78	79	91	84
Bangladesh	42	42	47	49
Barbados	90	86	90	95
Bielorrússia	97	96	87	89
Bélgica	0	0	98	97
Belize	63	62	71	72
Benim	53	54	57	59
Bermudas	99	93	84	76
Bolívia (Plurinacional Estado de)	53	55	57	56

Bósnia e Herzegovina	80	85	79	88
Botsuana	69	69	68	64
Brasil	68	77	80	84
Brunei Darussalam	78	89	88	87
Bulgária	91	84	84	77
Burquina Faso	75	77	77	80
Burundi	58	51	46	45
Camboja	44	42	53	57
Camarões	48	49	56	58
Canadá	96	99	106	105
Cabo Verde	61	59	62	68
Centro-Africano República	41	42	45	46
Chade	51	53	61	62
Chile	72	78	80	88
China	67	81	86	89
Colômbia	56	64	65	65
Comores	44	42	42	44

Congo	45	40	47	53
Costa Rica	68	70	72	74
Croácia	61	64	71	79
Cuba	62	55	71	80
Chipre	97	101	103	96
República Checa	92	94	91	96
Costa do Marfim	53	48	48	50
República Popular Democrática da Coreia	73	60	61	58
República Democrática do Congo	33	27	24	25

Dinamarca	100	104	107	111
Jibuti	41	41	47	58
Domínica	78	87	93	93
República Dominicana	47	48	49	52
Equador	47	55	55	57
Egito	82	88	90	91
El Salvador	59	61	68	71
Eritreia	49	50	48	47

Estónia	97	95	89	91
Etiópia	44	47	52	56
Fiji	69	71	75	79
Finlândia	98	99	102	107
França	117	115	119	113
Polinésia Francesa	79	89	96	100
Gabão	72	75	75	81
Gâmbia	54	49	53	55
Geórgia	56	69	72	77
Alemanha	97	94	99	99
Gana	47	52	54	59
Grécia	112	113	117	118
Granada	68	65	65	74
Guatemala	59	58	57	57
Guiné	54	53	53	54
Guiné-Bissau	46	44	44	44
Guiana	60	71	77	75
Haiti	42	41	41	41
Honduras	55	60	62	67

Hungria	97	84	91	89
Islândia	114	114	124	133
Índia	56	56	55	56
Indonésia	50	56	54	56
Irão (República Islâmica do)	79	81	83	84
Irlanda	114	110	117	110
Israel	113	114	122	126
Itália	111	109	115	112
Jamaica	62	72	73	78
Japão	96	96	95	92
Jordânia	76	71	71	76
Cazaquistão	100	98	81	104
Quénia	55	59	57	58
Kiribati	65	69	70	74
Kuwait	72	94	86	93
Quirguizistão	79	83	84	83
Povo do Laos República Democrática	49	51	57	61

Letónia	102	89	81	88
Líbano	76	80	83	84
Lesoto	66	66	68	69
Libéria	39	41	35	36
Jamahiriya Árabe Líbia	80	80	77	77
Lituânia	89	94	105	115
Luxemburgo	0	0	119	123
Madagáscar	53	49	47	49
Malawi	51	51	53	55
Malásia	67	77	76	79
Maldivas	80	88	105	110
Mali	62	63	66	71
Malta	102	111	113	118
Mauritânia	80	78	83	86
Maurícia	70	71	79	83
México	82	84	91	92
Mongólia	75	77	78	72

Marrocos	84	81	84	89
Moçambique	31	38	36	38
Myanmar	46	51	57	70
Namíbia	58	57	68	67
Nepal	55	56	57	60
Países Baixos	98	107	105	105
Antilhas Neerlandesas	85	91	96	84
Nova Caledónia	78	80	81	85
Nova Zelândia	98	100	90	94
Nicarágua	46	44	56	62
Níger	54	55	63	74
Nigéria	51	56	58	62
Noruega	99	103	105	107
Palestina ocupada Território	0	57	60	59
Paquistão	56	60	59	57
Panamá	62	62	66	71
Paraguai	70	78	77	70
Peru	53	63	64	67
Filipinas	52	54	56	59
Polónia	102	98	100	101
Portugal	103	109	114	114
República da Coreia	81	85	87	88

República da Moldávia	77	72	71	77
Roménia	91	95	100	111
Federação Russa	92	89	87	97
Ruanda	45	41	46	49
São Cristóvão e Nevis	70	68	77	72
Santa Lúcia	79	84	88	93
São Vicente e Granadinas	61647179			
Samoa	70	66	76	76
São Tomé e				
Principe	51	50	51	60
Arábia Saudita	78	81	81	87
Senegal	64	59	55	59
Sérvia e				
Montenegro	85	89	76	75
Seychelles	69	73	81	84
Serra Leoa	41	43	45	52
Eslováquia	79	77	72	73
Eslovénia	93	99	100	101
Ilhas Salomão	51	53	51	53
África do Sul	74	73	76	81
Espanha	106	108	112	108
Sri Lanka	48	51	54	55
Sudão	61	67	69	73

Suriname	62	57	54	55
Suazilândia	60	58	61	63
Suécia	96	98	104	107
Suíça	97	92	93	92
República Árabe da Síria	71	72	75	80
Tajiquistão	53	49	50	54
Tailândia	53	58	57	57
A antiga Jugoslávia República da Macedónia	71	70	73	76
Timor-Leste	55	54	52	50
Togo	45	49	47	49
Trinidad e Tobago	62	59	64	68
Tunísia	85	88	90	93
Turquia	105	101	99	99
Turquemenistão	73	73	82	87
Uganda	53	48	50	49
Ucrânia	87	82	83	89
Emirados Árabes Unidos	102	103	102	104
Reino Unido	93	95	101	104

República Unida da Tanzânia	51	48	51	50
Estados Unidos da América América	109	111	113	114
Uruguai	82	88	87	80
Uzbequistão	78	77	67	75
Vanuatu	59	60	62	64
Venezuela (Bolivariano República da)	63	63	68	71
Vietname	49	55	62	72
Iémen	54	53	56	54
Zâmbia	51	51	48	48
Zimbabué	50	46	48	55

Fonte: Divisão de Estatística da FAO 2010, Food Balance Sheets, Organização das Nações Unidas para a Alimentação e a Agricultura, Roma, Itália.

A implicação deste facto é que alguns aminoácidos essenciais estão em grande falta nas refeições da maioria dos nigerianos. Isto deve-se ao facto de as proteínas de origem vegetal, como o feijão-frade, o leite de soja e o melão, entre outras, serem na sua maioria deficientes em um, dois ou mais aminoácidos essenciais e conterem também alguns factores antinutricionais. Bons exemplos são a soja, que é deficiente em metionina e contém igualmente factores antitripsina, e o amendoim, que é deficiente em metionina, lisina e triptofano e, por vezes, contém também aflatoxina como antinutriente.

As proteínas animais são muito ricas em todos os aminoácidos essenciais. As fontes eficientes e fiáveis de proteínas animais para consumo humano incluem o ovo, com um valor biológico (VB) de 100%, o leite (VB 96%), o peixe, o frango e a carne (82%, 79% e 80%, respetivamente), enquanto a soja, o amendoim e o feijão têm valores biológicos de 74%, 68% e 49%, respetivamente. Na Nigéria, as fontes comuns de proteínas animais são os bovinos, ovinos, caprinos e aves de capoeira. No entanto, o custo de produção destes animais até ao peso de mercado é elevado, o que acaba por dar origem a preços de mercado elevados, pelo que é pertinente considerar formas de produzir produtos animais adequados para o mercado a custos acessíveis.

Na sequência da identificação do défice de oferta de carne e de outros produtos animais, torna-se fundamental encontrar soluções adequadas para o problema. Vários factores têm sido atribuídos à baixa produtividade do gado na Nigéria e na maioria dos outros países em desenvolvimento. O principal destes factores é uma nutrição inadequada e desequilibrada e a flutuação do abastecimento de alimentos para animais (Fetuga, 1977). O custo da alimentação representa aproximadamente 60% a 80% do custo total da produção animal, especialmente quando são utilizados grãos, nomeadamente de cereais, em rações mistas para a alimentação do gado (Fetuga, 1977). Este custo elevado tornou mais difícil satisfazer as necessidades nutricionais a um custo razoável, especialmente devido à falta de melhoria do rendimento das culturas.

O elevado custo dos suplementos concentrados estimulou, portanto, o interesse na utilização de alternativas como fontes mais baratas de nutrientes para o gado (Omole, 1988). Recentemente, intensificou-se o esforço de investigação para encontrar alimentos alternativos aos dispendiosos ingredientes convencionais para a alimentação do gado. De facto, a atenção foi desviada para uma maior exploração das espécies arbóreas polivalentes (MPTs) para saber até que ponto estes recursos alimentares podem satisfazer as necessidades nutricionais do gado. O papel das plantas forrageiras na nutrição dos animais foi revisto (Njidda, 2010). A análise química, a preferência dos animais, a digestibilidade e a ingestão de forragens e a produção de alimentos para animais à base de forragens também foram explicadas, tendo-se concluído mais tarde que as plantas forrageiras contribuíam significativamente para a nutrição dos animais domésticos. Pelo contrário, Gray (1970) e Attah-Krah (1989) registaram a importância das árvores e arbustos na alimentação do gado.

Lusigi *et al.* (1984) investigaram as preferências de forragem dos animais na zona árida do norte do Quénia e referiram que as árvores e os arbustos são muito utilizados por muitos tipos de animais. Além disso, a alimentação suplementar de algumas classes de animais com forragem melhorou a ingestão. O efeito final da suplementação com forragem arbórea aumentou a capacidade de sobrevivência e a produtividade do gado (Attah-krah, 1989).

Gray (1970) e Attah-Krah (1989) identificaram a necessidade, entre outras coisas, de mais investigação sobre a utilização de árvores e arbustos forrageiros para a produção animal. Raharjao *et al.* (1986) observaram que a informação sobre o teor de nutrientes e a digestibilidade das forragens tropicais em coelhos é escassa. Os produtores de gado ainda têm o dever de continuar a esforçar-se para encontrar formas de disponibilizar proteínas animais ao consumidor na quantidade certa e a preços acessíveis.

Parte das estratégias a serem adoptadas é que o gado deve ser levado ao nível familiar, de modo a que a unidade familiar possa criar algumas espécies de gado capazes de satisfazer as necessidades de proteínas animais dessas famílias. Além disso, essas espécies de animais devem ser capazes de se integrar no sistema de produção agrícola da família de agricultores. Uma dessas espécies animais é o coelho.

Vários autores apresentaram as razões pelas quais o coelho é a espécie de eleição que possui estes atributos e tem o potencial de se tornar o maior fornecedor de proteínas animais do Terceiro Mundo. O potencial prático da carne de coelho no fornecimento de proteínas para a solução das necessidades proteicas do mundo foi sublinhado (Chen *et al.*, 1978).

Algumas das razões são as seguintes:

- Os coelhos crescem rapidamente e a sua taxa de crescimento é comparável à dos frangos de carne (Rao *et al.*, 1977).
- O tamanho reduzido do corpo faz com que as necessidades de alimentação, espaço e alojamento sejam mínimas e pouco dispendiosas.
- Período de gestação e intervalo entre gerações curtos.
- Ao contrário de outros animais monogástricos, podem alimentar-se bem com dietas completamente desprovidas de cereais.
- Convertem as forragens em carne de forma mais eficiente do que os ruminantes.
- Quando geridas corretamente, são menos propensas a surtos de doenças.
- A produção de coelhos não requer um elevado conhecimento técnico nem pessoal altamente qualificado.
- A carne de coelho é palatável, altamente nutritiva, rica em proteínas (proteína bruta de 20 - 27%), baixa em calorias, gordura (10-11%), colesterol e sódio (Nistol *et al.*, 2013).
- É altamente digerível, com um coeficiente de digestibilidade de 98-99% (Al-Dobaib, 2010).
- O estrume de coelho é muito rico em azoto e ácido fosfórico e é bom para melhorar a fertilidade do solo. É fácil de transportar, ao contrário dos estrumes de suínos e bovinos.
- São fontes de carne baratas, ao contrário dos suínos, caprinos e bovinos.
- São uma boa fonte de rendimento para os agricultores
- É uma boa fonte de proteína animal para os doentes que sofrem de arteriosclerose, diabetes e trombose coronária.
- São frigoríficos biológicos, pois uma carcaça pode produzir uma refeição para a família e a carne é fácil de preparar sem sobras (Cheeke, 1986).
- As fêmeas são ovuladoras reflexas e podem ser reproduzidas no prazo de vinte e quatro (24) horas após o acendimento.
- O rácio carne/osso é elevado, o que significa que há mais carne comestível num coelho do que mesmo numa galinha.

- As mulheres beneficiam muito dos nutrientes do coelho, uma vez que o seu consumo ajuda a repor as perdas de ferro que as mulheres sofrem durante os seus ciclos mensais.
- A carne de coelho contém igualmente um certo nível de selénio, útil para combater o endurecimento das artérias, bem como cancros como o cancro do estômago, do pulmão, da próstata e da pele.

Contrariamente à afirmação anterior de De Blas *et al.* (1995) de que "a produção de carne de coelho tem aumentado devido à saturação do mercado de carne de aves de capoeira e ao elevado preço dos ovinos, caprinos e bovinos", a produção de carne de coelho tem sofrido um declínio drástico na última década na Nigéria devido a alguns problemas identificados, como a consanguinidade, o acasalamento indiscriminado e a incapacidade de produzir coelhos em grande escala comercial.

Registaram-se grandes progressos na produção animal. A maior parte desses progressos conduziu a uma melhor exploração do potencial reprodutivo dos animais para melhorar a produção animal. Tais avanços culminaram num grande desenvolvimento e aplicação em suínos, ovinos, aves de capoeira, bovinos e caprinos. No entanto, a produção de coelhos parece ser comparativamente insuficiente no que respeita à aplicação e exploração de alguns destes avanços.

A função reprodutora do macho envolve a produção de espermatozóides e a sua deposição no trato reprodutor feminino.

Os espermatozóides são produzidos nos túbulos seminíferos dos testículos e são depois transportados através da rete testis para os epidídimos, onde são armazenados e amadurecem.

A produção de espermatozóides é um processo contínuo, uma vez iniciado. No entanto, pode mudar de taxa em algumas espécies. As taxas de produção de células de esperma estabelecidas para vários animais são dependentes da raça (Dott e Skimmer, 1967; Igboeli e Rakha, 1971; Lino, 1972).

A fertilidade pode ser medida para o macho pela percentagem de cobrições que resultam em conceção (Devendra e Burns, 1983). A avaliação do estado reprodutivo continua a ser um aspeto importante da prática de gestão reprodutiva do agricultor. Vários critérios de medição, tais como a circunferência escrotal, a motilidade e morfologia do esperma, foram extensivamente estudados nalguns touros (Memon, 1983). Poucos destes relatórios estão disponíveis para a maioria das raças de bovinos, ovinos e caprinos nativos da zona saheliana do nordeste da Nigéria.

Noutras espécies pecuárias, como os ovinos, os caprinos, os suínos e os bovinos, registaram-se grandes avanços na produção e no melhoramento animal. Alguns destes avanços são a inseminação artificial e a determinação do potencial reprodutivo dos animais. No entanto, a produção de coelhos parece estar a ficar para trás na aplicação destes avanços. Assume-se erradamente que qualquer coelho macho terá um desempenho satisfatório quando necessário no que respeita à reprodução. Este estudo tende agora a refutar esta afirmação e estabeleceu que nem todos os machos de aspeto saudável têm um elevado grau de qualidade para o potencial de reprodução.

1.1 Justificação do estudo

- É necessário concentrar os esforços na melhoria das espécies de animais de criação, em particular os pequenos ruminantes e os pequenos animais como os coelhos, que são mais capazes de utilizar as gramíneas e leguminosas abundantes disponíveis.
- Fornecer também certos dados reprodutivos de base para o coelho como guia para a seleção de melhoramentos genéticos, de modo a eliminar a incidência de regressão do desempenho da descendência ao longo do tempo, o que tem sido uma das principais desgraças da produção de coelhos na Nigéria.
- O seu objetivo é também refutar o pressuposto errado de que qualquer coelho de aspeto saudável terá um desempenho satisfatório quando for necessário para a reprodução.

1.2 Objetivo do estudo

Colocar a tónica num conceito de investigação menos sofisticado que está disponível para melhorar a produção animal a partir dos recursos disponíveis e que tem aplicação imediata.

Especificamente, o objetivo deste estudo é avaliar a correlação entre algumas medidas lineares do corpo, índices morfométricos da genitália externa e a produção diária de esperma do coelho, com vista a ajudar os criadores de coelhos a fazer uma seleção precoce informada de coelhos machos pré-púberes, melhorando assim o processo seletivo.

CAPÍTULO 2

2. 0REVISÃO DA LITERATURA

A avaliação do macho quanto à sua capacidade de reprodução é um aspeto importante de um programa de gestão da reprodução. Para explorar o potencial genético máximo em qualquer empresa pecuária, é vantajoso efetuar um rastreio completo do macho antes da sua utilização.

A avaliação do macho quanto à sua capacidade de reprodução baseia-se na circunferência escrotal, na motilidade e na morfologia do sémen (Bongso et al., 1982)

Os potenciais reprodutivos de várias raças de touros foram bem documentados (Almquist e Amann, 1962; Igboeli & Rakha, 1971; Amann *et al.*, 1974). Nos programas de inseminação artificial, a informação sobre a capacidade reprodutiva dos touros é essencial para facilitar a deteção e exploração de touros de elevado potencial genético (Dauda e Shoyinka, 1983). No entanto, não existe informação adequada sobre a taxa de produção de esperma dos machos de coelho.

Foram realizados estudos noutros animais de criação que serviram de base para a seleção dos criadores. Estes estudos e relatórios incluem a localização, a anatomia, as funções e as actividades dos órgãos reprodutores masculinos.

O sistema reprodutor masculino

As principais partes funcionais do sistema genital masculino dos animais domésticos são o pénis, o escroto e os testículos, os túbulos redondos, os túbulos eferentes, os epidídimos, os canais deferentes, as glândulas acessórias, incluindo a ampola, a próstata, as vesículas seminais e as glândulas bulbo-uretrais. (Swenson e Reece, 1993).

O testículo dos mamíferos

A gónada masculina, o testículo, tem duas funções principais: em primeiro lugar, produzir células germinativas (espermatozóides) que transmitem os genes masculinos à descendência e, em segundo lugar, produzir

androgénios, que conferem ao indivíduo caraterísticas masculinas, incluindo o impulso e os meios para entregar células germinativas à fêmea (Swenson e Reece, 1993). Os mamíferos parecem ser a única classe de animais com testículos transportados para fora do corpo, tal como se verifica na maioria dos animais domésticos e em algumas espécies selvagens (Carrick e Setchell, 1977). A anatomia bruta dos testículos de várias espécies de mamíferos é eventualmente similar e os mamíferos são os únicos animais nos quais os testículos descem do seu ponto de origem para o escroto (Carrick e Setchell, 1977). Os espermatozóides são produzidos dentro dos túbulos seminíferos dos testículos pelo processo chamado espermatogénese (Swenson e Reece, 1993).

Os dois testículos variam um pouco em tamanho, forma e localização entre as espécies, mas partilham estruturas semelhantes (Frandson, 1992). Os órgãos reprodutores dos animais domésticos machos têm várias caraterísticas únicas (Swenson e Reece, 1993). A massa testicular é composta por numerosos túbulos altamente enrolados, entre os quais se encontra a túnica albugínea. Estes túbulos são designados por túbulos seminíferos, juntamente com a rete testis.

O testículo é um corpo ovoide situado no escroto e o seu tamanho varia de espécie para espécie e de animal para animal, mesmo dentro da mesma espécie, mas a estrutura é basicamente a mesma. É coberto por uma capa ou cápsula fibrosa, compacta e resistente (a túnica albugínea) composta por tecido conjuntivo colagénico com uma mistura de fibras elásticas.

Aspeto anatómico do testículo

Existem quatro compartimentos dentro do testículo (Swenson e Reece, 1993). São eles os compartimentos vascular e intersticial, que são externos ao túbulo seminífero, e os compartimentos basal e adluminal, que são internos ao túbulo seminífero. As espermatogónias indiferenciadas encontram-se no compartimento basal, estando as células germinativas em diferenciação localizadas na parte adluminal do túbulo seminífero.

O testículo é composto por numerosos túbulos altamente enrolados, conhecidos como túbulos seminíferos, células produtoras de hormonas de leydig e vasos sanguíneos, que estão rodeados por uma cápsula de massa fibrosa denominada túnica albugínea. Para além dos espermatozóides que são produzidos nos testículos, são produzidas duas outras células: a célula de sertoli (célula sustentacular) e a célula de leydig (célula intersticial) (Dyce et al., 1996).

As células de Sertoli cuidam dos espermatozóides em desenvolvimento. Os processos das células de Sertoli rodeiam as espermátides e os espermatócitos e proporcionam um contacto íntimo com todas as fases da produção de espermatozóides. A este respeito, são conhecidas como células sustentaculares (de apoio) (Frandson, 1992). As células de Sertoli, no seu papel de apoio e nutrição das células germinativas, são responsáveis pelo seguinte

- Libertação de esperma
- Movimento das células germinativas a partir da base do lúmen
- Célula alvo da ação da FSH (Steiberger, 1971)
- Síntese de proteínas (Ritzen et al., 1981)
- Secreção de líquido para o lúmen do túbulo.
- Fagocitose de células germinativas degeneradas e corpos residuais (Byskov, 1986)
- Resistência a uma série de tratamentos como o choque osmótico, o calor, os produtos químicos e a hipofisectomia, e depois a quaisquer outras células como as células germinativas dos túbulos (Byskov, 1986)

Localização do testículo

Todos os animais domésticos comuns têm testículos que estão localizados em sacos escrotais exteriores à cavidade abdominal (Swenson e Reece, 1993). Outros animais (elefante, golfinho, baleia e tatu) têm testículos intra-abdominais. Esta localização proporciona uma temperatura testicular mais baixa que é essencial para a espermatogénese nos animais domésticos. A produção de esperma é sempre menor durante o aumento da temperatura escrotal. A retenção anormal dos testículos na cavidade abdominal dos animais domésticos é conhecida como criptorquidismo.

Funções dos testículos

Foi relatado que o testículo desempenha duas funções principais: espermatogénese e secreção de hormonas masculinas (androgénios). Estas funções estão intimamente relacionadas, uma vez que é necessário um nível adequado de produção de androgénios para produzir espermatozóides e para que estes sejam libertados com sucesso, o que requer um comportamento sexual normal e o desenvolvimento adequado das caraterísticas sexuais secundárias (Setchell, 1977).

Os epidídimos

O epidídimo é importante e responsável pelo transporte, concentração, maturação e armazenamento de espermatozóides (Bishop, 1970; Swenson e Reece, 1993). Os espermatozóides não ganham a capacidade de se mover e penetrar num oócito até que tenham passado pelo epidídimo. A presença de uma proteína de motilidade avançada no epidídimo permite que o espermatozoide se torne móvel. A maturação adicional do açrossoma ocorre no epidídimo, o que permite que o espermatozoide penetre no oócito.

O metabolismo dos espermatozóides no epidídimo é baixo devido a estes dois factores:

- existe uma pequena quantidade de substrato oxidável presente (exceto o lactato)
- existem concentrações elevadas de potássio que são inibidoras da motilidade.

Começa no pólo do testículo onde entram os vasos sanguíneos e os nervos. Este local é designado por cabeça do epidídimo. A cabeça continua ao longo de um dos lados do testículo como epidídimo caput, no qual um número variável de ductos eferentes se junta ao testículo como corpo do epidídimo (corpo epididimário), que termina antes de fazer uma volta para cima como cauda (epidídimo caudal) (Hafez, 1993).

O contorno do epidídimo caudal é uma caraterística visível no animal vivo. Os túbulos também têm funções absorventes e secretoras, uma vez que a reabsorção de grande parte do fluido dos túbulos seminíferos ocorre na cabeça do epidídimo (Hafez, 1993).

Função do epidídimo

A função epididimária depende da presença de testosterona adluminal. A ausência de testosterona no epidídimo causada pela ligadura dos ductos eferentes resulta na degeneração do eoidídimo.

(i) Transporte de esperma

Os espermatozóides testiculares são transportados do testículo através de um ducto altamente convoluto conhecido como epidídimo. A passagem dos espermatozóides através do epidídimo depende de uma concentração localizada na parede do ducto. Estas concentrações, que foram observadas in vitro no epidídimo de ratos, podem ser estimuladas por postaglandinas e

progridem numa direção com uma frequência de cerca de três por minuto (Consentino et al., 1984). Os espermatozóides são transportados através do epidídimo em cerca de sete dias no touro, doze dias no javali (Swiestra, 1968), e dezasseis dias no carneiro (Amann, 1981).
Os espermatozóides são varridos do testículo e através dos ductos eferentes pela pressão do fluido da rete nos testículos, auxiliados pelo movimento dos cílios (Hafez, 1993). Os espermatozóides transportados normalmente do caput para o epidídimo caudal em controlos não ligados foram caracterizados por uma rápida migração das gotículas protoplasmáticas, uma diminuição dos acrossomas inchados e outras anomalias, um aumento da percentagem de células móveis e um aumento notável da fertilidade. Os dados morfológicos e de fertilidade indicam que factores extrínsecos, bem como intrínsecos, são necessários para o desenvolvimento completo da capacidade de fertilização dos espermatozóides de coelho (Paufler e Foote, 1968).

(ii) Maturação dos espermatozóides

Os espermatozóides sofrem numerosas mudanças à medida que migram através do epidídimo (Paufler e Foote, 1968). No coelho, Bedford (1963, 1966) relatou que, à medida que os espermatozóides se movem do caput para o epidídimo caudal, (a) o comprimento e a largura do acrossoma diminuem, (b) a gota protoplasmática migra e muitas vezes está ausente da cauda do espermatozoide, e (c) a fertilidade dos espermatozóides é desenvolvida.
Esta maturação envolve várias alterações funcionais, incluindo o desenvolvimento do potencial de motilidade sustentada, perda progressiva de água e migração distal, e eventual perda das gotículas citoplasmáticas (Hafez, 1993).

(iii) Absorção e secreção

A cabeça do epidídimo absorve quantidades consideráveis de fluido que se origina no túbulo seminífero. Esta absorção resulta numa alta concentração de espermatozóides na cauda do epidídimo (Swenson e Reece, 1993). O tecido epididimário também segrega algumas substâncias para o lúmen (Hafez, 1993). Os componentes secretores das células epiteliais que revestem o epidídimo, tais como a "imobilina", em alguns animais de laboratório (Fawcett, 1986) e um "fator de quiescência" no touro (Fawcett, 1975), provavelmente geram a sobrevivência dos espermatozóides ao evitar um metabolismo desnecessário.

(iv) Armazenamento de esperma

O principal local de armazenamento de espermatozóides é o epidídimo caudal. Este armazena cerca de 80% das células germinativas maduras. Na ausência de ejaculação, o principal destino dos espermatozóides é a descarga espontânea na uretra e na urina. A reabsorção de espermatozóides pelo epidídimo não ocorre.

Ductus Deferens

O ducto deferente, por vezes designado por canal deferente, é a continuação do sistema de ductos desde a cauda do epidídimo até à uretra pélvica. À medida que o ducto deferente deixa o testículo em direção ao abdómen, a veia e o nervo, o vaso linfático e o músculo cremaster interno com a camada visceral da túnica vaginal. Esta combinação de estruturas é conhecida como cordão espermático (Frandson, 1992). A camada visceral da túnica vaginal também envolve o testículo e o epidídimo. É derivada do peritoneu abdominal de origem embrionária, quando os testículos desceram para o escroto.

Depois de o cordão espermático passar pelos anéis inguinais interno e externo, o ducto deferente separa-se do cordão espermático para prosseguir para a uretra pélvica. O ducto deferente termina com uma área glandular alargada, conhecida como ampola do ducto deferente (Genuth, 1998).

Escroto

O escroto é um saco cutâneo que contém os testículos. O escroto contém uma camada subcutânea de fibras musculares lisas, a túnica dartos, que contrasta com o tempo frio e mantém os testículos mais próximos da parede abdominal. O escroto é revestido pela camada parietal da túnica vaginal, que é uma continuação do peritoneu parietal no escroto (Frandson, 1992).

O pénis

O pénis é o órgão masculino de cópula, através do qual a urina e o sémen passam pela uretra peniana. As raízes (crura) do pénis começam na borda caudal do arco isquiático pélvico. A extensão anterior das raízes é conhecida como corpo e a extremidade livre é conhecida como glande (Backett, 1974). A estrutura interna é ocupada maioritariamente por tecido cavernoso, vulgarmente conhecido como tecido erétil (Dyce, et al., 1996). Um tecido cavernoso é um conjunto de sinusóides sanguíneos separados por camadas de tecido conjuntivo.

Espermatogénese

O termo espermatogénese indica todo o processo de desenvolvimento envolvido na transformação da célula setm, ou espermatogónio, num espermatozoide (Swenson e Reece, 1993). A formação do esperma começa na puberdade, mas o processo em si representa o culminar de eventos que começam cedo na vida embrionária. O processo começa na parede do túbulo seminífero, que é revestido por espermatogónias, e termina com a libertação de espermatozóides maduros no lúmen do túbulo seminífero.

A espermatogénese envolve a proliferação mitótica, a divisão meiótica e a diferenciação da espermátide haploide. O início da espermatogénese depende mais do crescimento do animal do que da sua idade (Ortavant , 1974). Os processos de espermatogénese estão sob o controlo do sistema endócrino e do sistema nervoso central, mas os factores ambientais podem influenciar o desempenho reprodutivo (Arthur, 1977).

Fases da espermatogénese

Mitose:

A espermatogénese inicia-se quando as espermatogónias sofrem mitose. Esta primeira fase importante da espermatogénese, a mitose, tem um número de divisões específico para cada espécie. Após a divisão mitótica inicial, há três divisões no homem, quatro no touro, no coelho e no carneiro, e cinco divisões no rato (Swenson e Reece, 1993).

O espermatogónio na membrana basal do túbulo seminífero divide-se em células filhas que estão em estado diploide (2n). Estas novas espermatogónias são designadas por espermatogónias de tipo A. As espermatogónias do tipo A dividem-se ainda mitoticamente, dando origem às espermatogónias intermédias. As espermatogónias intermédias continuam a dividir-se mitoticamente para dar origem às espermatogónias de tipo B que, mais tarde, se dividem mitoticamente, dando origem aos espermatócitos primários.

Meiose:

É a segunda etapa mais importante da espermatogénese. Tem a função de reduzir o número de cromossomas da célula germinativa para o estado haploide (n). Isto é essencial para permitir a união de espermatozóides e ovócitos haplóides para formar novos indivíduos com o número correto de cromossomas. A primeira fase da meiose envolve a divisão celular dos espermatócitos primários, que se encontram no estado diploide, em espermatócitos secundários, que se encontram no estado haploide, através de uma redução de 50% no número de cromossomas.

Os espermatócitos secundários entram agora na segunda divisão meiótica, dando origem às espermátides. O processo que envolve as duas divisões celulares acima referidas é designado por "espermatocitogénese", ou seja, produção de espermatócitos.

Espermiogénese:

O terceiro e último passo (ou seja, o segundo processo) na espermatogénese envolve a maturação das espermátides em espermatozóides, um processo chamado espermiogénese. A maturação envolve

(i) Formação de uma cauda para facilitar o movimento dentro do trato reprodutor feminino.
(ii) Desenvolvimento de mitocôndrias para fornecer energia durante o movimento no trato feminino, e
(iii) Desenvolvimento de um organelo, o acrossoma, que permite a penetração do oócito.

Durante a espermatogénese, as espermátides mantêm um contacto estreito com as células de suporte dos túbulos seminíferos, as células de sertoli (nurse cells). As células de sertoli são essenciais para a nutrição das espermátides e, ao mesmo tempo, para a indução da espermatogénese (Ortavant *et al*; 1977).

A espermatogénese começa na puberdade e é um processo contínuo ao longo da vida até ao início da senilidade, quando ocorre uma atrofia progressiva dos túbulos e apenas alguns são capazes de produzir espermatozóides (Hafez, 1968).

Espermatogénese em coelho

A maturidade sexual começa entre as sete (7) e as oito (8) semanas, mas o coelho atinge a maturidade sexual por volta das 24 semanas de idade. Antes deste período, encontram-se nos túbulos seminíferos pré-espermatogónias redondas a ovais, dispostas aos pares na periferia tubular e células de sertoli alongadas perpendiculares à membrana basal. As células têm abundância de citoplasma e gonócitos intracelulares (Gondos *et al.*, 1973).

As pré-espermatogónias diminuem de tamanho e de condensação citoplasmática e, no final da 7ª semana, observam-se as caraterísticas das espermatogónias do tipo A e B. No final da 12ª semana, surgem as espermátides, coincidindo com a formação do lúmen tubular.

Gondos *et al.* (1973) descreveram o ciclo espermatogénico inicial do coelho da seguinte forma Fase

de pré-espermatogónia	(nascimento-6 semanas)
Maturação das espermatogónias	(7-8 semanas)
Maturação dos espermatócitos	(9-12 semanas)
Maturação das espermátides	(13-14 semanas)
Aparecimento de espermatozóides	(final de 14 semanas)

2.1 Relação entre peso corporal, parâmetros da genitália externa e produção diária de esperma (DSP)

Há relatos de relações estabelecidas entre a idade, o peso corporal, a densidade dos tetículos, o comprimento do pénis, os parâmetros escrotais e a produção diária de esperma em diferentes classes do gado. Alguns destes parâmetros têm uma correlação muito elevada e positiva com a produção diária de esperma, o que pode constituir uma base como marcador de seleção para a solidez da reprodução.

Willet *et al.* (1957), Almquist *et al.* (1976) e Amann (1970) relataram que a circunferência dos testículos e o peso dos testículos de touros no abate se correlacionam positivamente com o número de espermatozóides obtidos por ejaculação frequente e reservas gonadais. Foi registada uma relação elevada entre a circunferência escrotal e o peso testicular dos touros (r = 0,99), o que está igualmente relacionado com a produção de esperma (Osinowo *et al*; 1985).

A produção diária de esperma (DSP) foi altamente correlacionada com o peso corporal (r =0,61, P<0,01), peso dos testículos emparelhados (r =0,98, P<0,01), peso da túnica albugínea emparelhada (r 0,96, P<0,01) e DSP/g (r =0,97, P<0,01) (Nkanga e Egbunike, 1990). Todas as caraterísticas morfométricas, exceto a densidade do testículo, foram significativamente correlacionadas com a DSP e a sua eficiência, e os parâmetros histométricos do túbulo seminífero foram também altamente correlacionados com a DSP e a sua eficiência (Nkanga e Egbunike, 1990).

Dauda e Shoyinka (1983) relataram uma alta correlação positiva entre a circunferência escrotal e o peso testicular pareado (r =0.96), espermátides testiculares/espermatozóides (r =0.84) e o espermatozoide epididimal caudal (pareado) (r =0.88) para os touros sokoto Gudali e para os touros Bunaji (r =0.91, r =0.87, r =0.89 respetivamente).

Blockey (1980) observou que os touros com pequenas circunferências escrotais têm sémen de má qualidade e testículos moles. Contrariamente a estas afirmações, outro estudo em touros não mostrou nenhuma relação entre a circunferência escrotal e as caraterísticas seminais (Smith *et.al.,* 1981). Amann (1970) registou que a produção de esperma está relacionada com o desenvolvimento testicular como foi demonstrado por uma correlação positiva entre o peso testicular, reservas de esperma gonadal e extragonadal, e produção de esperma. Quanto maiores e mais pesados os testículos, maior a produção de esperma; portanto, o peso testicular forneceu uma estimativa precisa do parênquima produtor de esperma no testículo de touros de corte (Coulter & Foote, 1979).

Haley *et al.* (1990) relataram que houve respostas correlacionadas positivas significativas à seleção para o diâmetro testicular em carneiros com 6, 10 e 14 semanas de idade, mas as respostas correlacionadas no peso corporal nessas idades foram negativas. Assim, é possível que, em qualquer caso, o peso corporal em carneiros jovens possa ser um melhor preditor da taxa de ovulação feminina do que o diâmetro testicular.

Gherardi *et al.* (1980) relataram que carneiros com testículos pequenos podem ser menos férteis do que aqueles com testículos grandes em condições de acasalamento no campo. Eles explicaram que isso se deve ao facto de os carneiros com testículos pequenos produzirem menos espermatozóides do que os carneiros com testículos grandes. Alternativamente, explicaram que os carneiros com testículos pequenos produzem sémen de pior qualidade do que os carneiros com testículos grandes. Em apoio a Gherardi *et al.* (1980),

Cameron *et al.* (1986) relataram igualmente que a qualidade do sémen de carneiros com testículos grandes ou pequenos não diferiu mesmo quando foram inseminados números subóptimos de espermatozóides. Isto indica que não existe uma relação geral entre o peso dos testículos e a qualidade seminal.

Bongso *et al.* (1982) relataram que a circunferência escrotal aumentou de forma curvilínea e foi significativamente correlacionada com a idade (r =0,84, P<0,05). A circunferência escrotal correlacionou-se de forma mais significativa com o peso corporal (r =0,94, P<0,001). Os autores estabeleceram ainda que, uma vez que o perímetro escrotal é uma medida indireta do tamanho dos testículos, um aumento acentuado do tamanho dos testículos indicava o início da espermatogénese ativa e, por conseguinte, a possibilidade de utilizar os machos para reprodução numa idade mais precoce do que a normalmente recomendada.

Além disso, as normas de circunferência escrotal obtidas neste estudo podem tornar-se úteis na avaliação de machos para a reprodução.

Outro relatório indicou que o peso testicular não pode ser medido diretamente no macho e que a circunferência escrotal foi significativamente correlacionada com o peso testicular nos carneiros (Lino, 1972), pelo que foi utilizado o método indireto de medição da circunferência escrotal (Bongso *et al.*, 1982), tendo sido também observada uma correlação significativa entre a circunferência escrotal e o peso corporal em várias raças de carneiros (Braun *et al.*, 1980).

Osinowo *et al.*, (1981) relataram uma alta correlação positiva entre a circunferência escrotal e o tamanho dos testículos e a reserva de esperma gonadal (r = 0,69), enquanto eles relataram que a circunferência escrotal está correlacionada com o peso dos testículos, o diâmetro dos túbulos seminíferos e a reserva de esperma do epidídimo gonadal (Osinowo *et al.*, 1985).

De acordo com eles, a circunferência escrotal e o peso testicular estavam altamente correlacionados (r = 0,98) e eram indicativos do potencial de produção de esperma.

Foram encontradas correlações altamente significativas entre a produção diária de esperma e o comprimento, largura e circunferência escrotal em patos de Maradi (Carew & Egbunike, 1980). Marire (1987) também registou uma alta correlação entre o peso corporal e a circunferência escrotal (r =0.72), a circunferência escrotal e a reserva de esperma gonadal (r =0.86), a circunferência escrotal e a reserva de esperma epididimal (r =0.69) e o peso testicular e a reserva de esperma gonadal (r =0.88) dos patos de Maradi.

Uma vez que a circunferência escrotal está fortemente correlacionada com a produção de esperma, tem sido utilizada para a avaliação da saúde reprodutiva quando combinada com parâmetros como a motilidade e a morfologia. A consistência testicular (densidade dos testículos) está correlacionada (r = 0,66) com a fertilidade (Foote et al; 1970, Hahn *et al* 1969). Estas caraterísticas testiculares são altamente hereditárias (Coulter *et al.*, 1976).

CAPÍTULO 3

3.1 MATERIAIS E MÉTODO

3.2 Sítio experimental

A experiência foi realizada na unidade de coelhos da quinta de ensino e investigação da Universidade de Ibadan, Ibadan, Nigéria (7°27'N e 3°45'E, a uma altitude de 200-300 m acima do nível do mar, com uma precipitação média anual de 1250 mm). Situa-se na zona da floresta tropical húmida e caracteriza-se por um clima quente e húmido. A unidade foi construída com paredes de betão, permitindo uma ventilação adequada.

3.3 Animais de laboratório

Para este estudo, foram adquiridos a uma unidade comercial vinte coelhos holandeses machos em puberdade. O seu estado de saúde foi verificado de acordo com os resultados hematológicos.

3.4 Gaiola, alimentação e abeberamento

Os animais foram alojados em gaiolas individuais feitas de madeira e cobertas à volta com rede de arame para ventilação cruzada. Os coelhos foram alimentados com forragem (*Aspillia africana*) de forma generosa, quando necessário, durante um período de duas semanas que os animais passaram na quinta para estabilização. Não lhes foi negado o acesso ao fornecimento ad libitum de água limpa, fresca e suficiente.

3.5 Gestão

Os coelhos foram submetidos às mesmas práticas de maneio, alimentação e abeberamento. Os bebedouros eram lavados diariamente com uma esponja e água para garantir que o interior não estava viscoso antes de ser servida a água potável. Os comedouros eram limpos de alimentos recusados e de contaminantes como fezes, urina e restos de forragem. Os animais foram vacinados contra a incidência de coccidiose.

3.5 Recolha de dados

3.5.1 Medição antes do sacrifício

O peso corporal foi medido utilizando uma balança de mola de mesa (Waymaster, modelo 1005k), tendo os animais sido mantidos em jejum durante a noite, mas tendo-lhes sido dada bastante água antes da pesagem. As medidas lineares do corpo foram efectuadas com uma fita de fibra e uma régua centimétrica. O comprimento e o diâmetro escrotais foram medidos com um compasso de venier. As medições lineares do corpo efectuadas foram as seguintes

Queda da espádua à cauda (STD): distância tomada do ponto da espádua ao osso do pino ou ao vertebrado occipital.

Queda da cabeça à cauda (HTD): distância medida do nariz à extremidade do occipital. **Perímetro cardíaco (HTG):** medido como a circunferência do corpo imediatamente atrás da pata dianteira.

Altura ao garrote (HTW): medida na linha mediana dorsal, no ponto mais alto do garrote.

Comprimento da orelha (CLE): distância medida a partir da base da inserção da orelha até à ponta da orelha.

Comprimento do corpo (CC): distância medida a partir do pescoço até ao ponto de fixação da cauda ao corpo.

Comprimento da cauda (CT): distância medida a partir do ponto de fixação da cauda ao corpo até à extremidade do vertebrado occipital.

3.5.2 Medição após sacrifício

Os coelhos foram atordoados antes do abate; a cavidade abdominal foi aberta pela face ventral. Os órgãos foram removidos; os testículos foram libertados dos tecidos conjuntivos e da gordura. O peso, o volume e a densidade dos testículos foram medidos e registados. Foram colhidas amostras de sangue para estudos hematológicos.

Peso dos testículos

Os testículos esquerdo e direito foram pesados separadamente utilizando uma balança muito sensível (balança Metler). Os resultados foram registados com uma aproximação de 0,001g.

Volume dos testículos

Os volumes dos testículos esquerdo e direito foram medidos separadamente, utilizando o princípio de Arquimedes da deslocação da água com uma proveta graduada de 25 ml. Os resultados foram registados em ml.

Densidade dos testículos

Este valor foi determinado a partir de um cálculo efectuado com base na fórmula:

Densidade de testes à esquerda (LTD) = $\frac{LTW}{LTV}$

Densidade do testículo direito RTD) = $\frac{RTW}{RTV}$

Densidade de testículos emparelhados PTD) = $\frac{LTW + RTW}{LTV + RTV}$

LTW: peso do testículo esquerdo

RTW: testículo direito Peso

VLT: volume do testículo esquerdo

RTV: volume do testículo direito

Peso epididimário

Os epidídimos esquerdo e direito foram separados em caput, corpus e caudal. Os pesos foram medidos utilizando a balança sensível Metler Toledo

3.6 Determinação da produção diária de esperma (DSP) por homogeneização Técnica

Imediatamente após o abate, o trato genital foi removido; os testículos e os epidídimos foram retirados das túnicas e libertados da gordura e dos tecidos conjuntivos indesejáveis. O trato foi então separado em testículos direito e esquerdo, caput direito e esquerdo, corpo e epidídimos caudais e pesado. Os testículos, o caput, o corpus e os epidídimos caudais foram homogeneizados separadamente durante 1 minuto em 4 ml de solução salina normal de NaCl a 0,9%.

As suspensões foram misturadas e transferidas para tubos de ensaio. Todas as amostras foram tapadas e armazenadas durante 24 horas a 4°C. A contagem foi efectuada hemocitometricamente utilizando um

Hematocitómetro de Neubauer e a produção diária de esperma foi calculada utilizando a fórmula proposta por Amann (1970).

$$\mathbf{DSP} = \frac{\text{Testis Sperm Count}}{\text{Time Divisor}}$$

Divisor de tempo = Duração de um ciclo do epitélio seminífero x Percentagem do ciclo representada por espermátides contadas.

Foi utilizado um divisor de tempo de 3,43 proposto por Amann (1970).

3.7 Análise estatística

Os dados recolhidos foram submetidos a estatísticas descritivas utilizando o procedimento Mean (PROC MEAN) do SAS (1999). Foram efectuadas outras análises utilizando o procedimento Correlation (PROC CORR) e o procedimento Regression (PROC REG) do SAS (1999).

CAPÍTULO 4

4.1 RESULTADOS E DISCUSSÃO

4.1 Resultado:

Quadro 1: Mostra o resultado da estatística descritiva dos parâmetros pós-abate.

Traço	**Esquerda**	**Certo**	**Emparelhado**	**Significado**
Peso (g)				
Testículo	2.80±0.20	2.65±0.20	5.44±0.39	P<0.01
Epidídimo				
Caput	0.21±0.02	0.22±0.02	0.42±0.04	ns
Corpus	0.06±0.01	0.06±0.01	0.12±0.04	ns
Caudal	0.37±0.03	0.39±0.02	0.76±0.05	P<0.01
Volume dos testículos	0.51±0.06	0.43±0.05	0.94±0.11	P<0.01
Densidade dos testículos	6.20±0.71	6.67±0.79	6.33±0.67	P<0.01
Reservas de esperma (x 10)^6				
Epidídimo				
Caput	77.00±3.07	78.20±2.75	155.40±3.05	P<0.01
Corpus	18.90±2.69	16.70±2.17	35.60±4.66	P<0.01
Caudal	88.50±6.77	75.70±9.19	164.20±8.98	P<0.01

Esta tabela mostra a média e os erros padrão dos parâmetros testiculares e epididimários dos patos. Verificaram-se diferenças de peso significativas (P<0,01) entre os parâmetros estudados. Também se registaram diferenças significativas nas reservas epididimárias de esperma, uma vez que o epidídimo caudal e o corpo epididimário esquerdo contêm mais espermatozóides do que o direito. Isto foi em apoio de Egbunike e Elemo (1978) que relataram que havia mais espermatozóides no órgão esquerdo do que no direito, embora a diferença fosse insignificante.

Tabela 2: Estatística descritiva das medidas lineares corporais (MLC) e dos órgãos genitais externos dos machos

Caraterísticas	Média	SD	SE	CV
BWT	1818.00	2.11	66.98	11.65
TL	9.24	0.59	0.19	6.44
ERL	10.24	0.82	0.19	7.79
HTD	48.40	1.73	0.55	3.57
HGT	26.05	0.72	0.23	2.78
HTW	10.85	0.58	0.18	5.34
DST	41.70	1.51	0.48	3.63
BL	35.85	0.94	0.30	2.63
LSL	6.55	0.10	0.03	1.48
RSL	5.72	0.08	0.02	1.38
LSD	1.04	0.08	0.03	8.11
DER	0.96	0.05	0.20	5.38
PSL	12.27	0.16	0.05	1.28
PSD	2.00	0.12	0.04	5.77

BWT = peso corporal, TL = comprimento da cauda, ERL = comprimento da orelha, HTD = queda da cabeça à cauda, HTG = perímetro cardíaco, HTW = altura ao garrote, STD = queda do ombro à cauda, BL = comprimento do corpo, LSL = comprimento escrotal esquerdo, RSL = comprimento escrotal direito, LSD = diâmetro escrotal esquerdo, RSD = diâmetro escrotal direito, PSL = diâmetro escrotal emparelhado, PSD = diâmetro escrotal emparelhado.

Tabela 3: Os coeficientes de correlação entre o peso corporal (BWT), a medida linear do corpo (BLM) e a produção diária de esperma (DSP)

Caraterísticas	BWT	TL	ERL	HTD	HGT	HTW	DST	BL	DSP
BWT	1.00	-0.14	0.02	0.92**	0.50	-0.11	0.84**	0.34	0.25
TL		1.00	0.59	-0.07	-0.42	0.36	-0.05	-0.24	0.38
ERL			1.00	0.07	0.21	0.37	0.05	-0.31	0.46
HTD				1.00	0.27	0.01	0.82**	0.47	0.28
HGT					1.00	-0.05	0.34	0.17	0.35
HTW						1.00	0.20	0.26	0.01
DST							1.00	0.47	0.06
BL								1.00	0.23
DSP									1.00

1 = nível de significância a (5%), ou seja, P>0,01<0,05

2 * = nível de significância a (1%), ou seja, P<0,01

Quando não há sobrescrito, o valor é não significativo, ou seja, P>0,05

BWT = peso corporal, TL = comprimento da cauda, ERL = comprimento da orelha, HTD = queda da cabeça para a cauda, HTG = perímetro cardíaco, HTW = altura na cernelha, STD = queda do ombro para a cauda, BL = comprimento do corpo, DSP = produção diária de esperma

A relação acima (tabela 3) mostra uma correlação muito elevada, positiva e significativa (r = 0,92,

P<0,01) entre o peso corporal (BWT) e a queda da cabeça à cauda (HTD), bem como entre o BWT e o STD (r = 0,84 P<0,01). O comprimento da orelha apresenta a maior correlação positiva entre as medidas lineares do corpo (BLM) (r = 0,46, P> 0,05) com a DSP. De todas as medidas lineares corporais estudadas, o comprimento da orelha parece ser o indicador mais fiável para prever a DSP, embora a um nível insignificante.

Quadro 4: coeficiente de correlação entre as caraterísticas pós-abate e a produção espermática diária (DSP)

Caraterísticas	LTW	RTW	LTV	RTV	DSP
LTW	1.00	0.94**	0.71*	0.70*	0.62
RTW		1.00	0.73*	0.73*	0.64*
LTV			1.00	0.96**	0.20
RTV				1.00	0.15
DSP					1.00

LTW = peso do testículo esquerdo, RTW = peso do testículo direito, LTV = volume do testículo esquerdo, RTV = volume do testículo direito.
Nível de significância a 1% (**) (P<0,01)
Nível de significância a 5% (*) (P>0,01<0,05)
Os valores não sobrescritos não são significativos. (P>0.05)

A relação acima (Quadro 4) mostra que o LTW está positivamente correlacionado com o RTW (r = 0,94, P<0,01), LTV (r = 0,71, P>0,01<0,05), RTV (r = 0,70, P>0,01<0,05) e DSP (r = 0.62, P>0,05), respetivamente, enquanto a RTW está igualmente altamente correlacionada positivamente com LTV (r = 0,73, P>0,01<0,05), RTV (r = 0,73, P>0,01<0,05) e DSP (r = 0,64, P>0,01<0,05). Isso mostra que tanto o RTW quanto o LTW podem ser usados para prever a produção diária de esperma nos coelhos, embora o RTW pareça ser um indicador melhor para prever a DSP do que o LTW, pois mostra uma correlação positiva e significativa mais alta com a DSP do que o LTW. Tanto o LTV como o RTV não mostram uma correlação significativa com a DSP (r = 0.02, P>0.05) e (r = 0.15, P>0.05) respetivamente.

Tabela: 5 a relação de correlação entre a produção espermática diária (DSP) e os traços pós-abate emparelhados.

Caraterísticas	PTW	PTV	PTD	PEWi	PEW2	PEW3	DSP
PTW	1.00	0.74*	-0.16	-0.22	0.46	0.80**	0.64*
PTV		1.00	-0.75**	0.07	0.50	0.48	0.18
PTD			1.00	-0.45	-0.24	0.18	0.39

PEWi				1.00	-0.11	-0.55	-0.65*
PEW2					1.00	0.39	0.29
PEW3						1.00	0.78**
DSP							1.00

PTW = peso do testículo emparelhado, PTV = volume do testículo emparelhado, PTD = densidade do testículo emparelhado, PEWi = peso do epidídimo emparelhado caput, PEW2 = peso do epidídimo emparelhado corpus, PEW3 = peso do epidídimo emparelhado caudal, DSP = produção diária de esperma. Nível de significância a 1% (**) (P<0,01) Nível de significância a 5% (*) (P>0,01<0,05)
Os valores não sobrescritos não são significativos. (P>0.05)

O acima (Tabela 5) ilustra uma alta correlação positiva (r = 0,64, P > 0,01 < 0,05) entre o peso do testículo emparelhado (PTW) e a produção diária de esperma (DSP), enquanto a densidade do testículo emparelhado (PTD) tem uma correlação negativa com a DSP (r = -0.65, P > 0.01<0.05). O peso do epidídimo caudal emparelhado (PEWI) correlaciona-se igualmente de forma positiva (r = 0.78, P<0.01) com a DSP. Isto sugere que o epidídimo caudal armazena um maior número de espermatozóides do que os epidídimos do caput e do corpo, portanto, um melhor preditor da DSP do que os epidídimos do caput e do corpo.

O PEW caudal também tem uma alta correlação positiva com o PTW (r = 0,80, P<0,01), o que significa que cada um deles poderia ser usado como um preditor da produção diária de esperma nos coelhos. Entre todas as caraterísticas testiculares acima, o PTW é um melhor indicador da DSP do que o PTV e o PTD.

Tabela 6: relação de correlação entre a produção diária de esperma (DSP) e a genitália externa

Caraterísticas	LSL	RSL	LSD	DER	PSL	PSD	DSP
LSL	1.00	0.58	0.81**	0.44	0.91**	0.79	0.38
RSL		1.00	0.87**	0.22	0.86**	0.73*	0.33
LSD			1.00	0.41	0.94**	0.91**	0.29
DER				1.00	0.38	0.75**	0.41
PSL					1.00	0.86**	0.40
PSD						1.00	0.40
DSP							1.00

LSL = comprimento escrotal esquerdo, RSL = comprimento escrotal direito, LSD = diâmetro escrotal esquerdo, RSD = diâmetro escrotal direito, PSL = diâmetro escrotal emparelhado, PSD = diâmetro escrotal emparelhado, DSP = produção diária de esperma.
Nível de significância a 1% (**) (P<0,01)
Nível de significância a 5% (*) (P>0,01<0,05)
Os valores não sobrescritos não são significativos. (P>0.05)

Todos os traços da genitália externa acima mostram uma correlação positiva e não significativa com a produção diária de esperma (DSP) (P>0,05), com o diâmetro do testículo direito (RSD) tendo a maior correlação (r = 0,41, Pr >0,05), seguido pelo comprimento do testículo emparelhado (PSL) e o diâmetro do testículo emparelhado (PSD) (r = 0,40, P > 0,05) cada. Isto significa que qualquer um dos RSD, PSL ou PSD pode ser um indicador útil e fiável na previsão da produção diária de esperma em coelhos do que o comprimento escrotal esquerdo (LSL) (r = 0,38, P>0,05), o comprimento escrotal direito (RSD) (r = 0,33, P>0,05) e o diâmetro escrotal esquerdo (LSD) (r = 0,29, P>0,05).

Tabela 7: Equação de regressão que prevê a produção espermática diária (PED) a partir das caraterísticas pós-abate.

Caraterísticas	Função	SE	R2	Significado
LSL	Y = -39,15 + 7,91X	6.74	0.15	NS
RSL	Y = -35,58 + 8,43X	8.49	0.11	NS
LSD	Y = 5,38 + 7,00X	8.04	0.09	NS
DER	Y = -2,65 + 15,92X	12.53	0.17	NS
PSL	Y = -50,89 + 5,18X	4.14	0.16	NS
PSD	Y = -1,17 + 6,90X	5.64	0.16	NS

LSL = comprimento escrotal esquerdo, RSL = comprimento escrotal direito, LSD = diâmetro escrotal esquerdo, RSD = diâmetro escrotal direito, PSL = diâmetro escrotal emparelhado, PSD = diâmetro escrotal emparelhado, DSP = produção diária de esperma.
Y = a + bX
Y= DSP= variável dependente
a = interceção
b = coeficiente das variáveis independentes quando a variável independente é zero
X = variáveis independentes (LSL, RSL, RSD, etc.)
SE = erro padrão da regressão
R^2 = coeficiente de determinação

As equações de previsão acima (Tabela 7) mostram uma fraca associação com a produção diária de esperma (DSP) (P>0,05) com o R^2 variando de 0,09 a 0,17. O diâmetro escrotal direito (DER) tem o maior coeficiente de determinação (0,17), o que o torna o preditor mais adequado da produção diária de esperma entre todas as caraterísticas pós-abate. O diâmetro escrotal emparelhado e o comprimento escrotal emparelhado foram classificados após o RSD, tendo um coeficiente de determinação (R^2) de 0,16 cada. Portanto, "Y = -2.65 + 15.53" parece ser a melhor equação de predição das equações acima.

Tabela 8: a equação de regressão que prevê a produção diária de esperma (DSP) a partir dos órgãos genitais externos

Caraterísticas	Função	SE	R2	Significado
LTW	Y = 7,02 + 1,99X	0.90	0.38	NS
RTW	Y = 7,19 + 2,06X	0.87	0.41	*
LTV	Y = 11,60 + 2,02X	3.53	0.04	NS
RTV	Y = 11,85 + 1,82X	4.29	0.02	NS
PTW	Y = 6,95 + 1,04X	0.44	0.41	*
PTV	Y = 11,69 + 1,00X	1.96	0.03	NS
PTD	Y = 10,31 + 0,37X	0.31	0.15	NS

LTW = peso do testículo esquerdo, RTW = peso do testículo direito, LTV = volume do testículo esquerdo, RTV = volume do testículo direito, PTW = peso do testículo emparelhado, PTV = volume do testículo emparelhado, PTD = densidade do testículo emparelhado.

O peso do testículo direito (RTW) e o peso do testículo emparelhado (PTW) na tabela acima (Tabela 8) estão fortemente e positivamente associados com a produção diária de esperma ($P>0,01<0,05$), com o coeficiente de determinação (R^2) de 0,41 cada, seguido pelo peso do testículo esquerdo ($P>0,05$) com o coeficiente de determinação (R^2) de 0,38, embora não significativo. Os outros órgãos genitais externos estão fracamente associados com a produção diária de esperma (DSP). Qualquer uma das equações de previsão com o coeficiente de determinação (R^2) de 0,41 acima poderia ser um bom preditor da produção diária de esperma nos coelhos. O coeficiente de determinação varia de 0,02 a 0,41.

Tabela 9: A equação de regressão que prevê a produção espermática diária (DSP) a partir das caraterísticas epididimárias.

Caraterísticas	Função	SE	R2	Significado
LEW1	Y = 19,05 - 30,31X	7.90	0.65	**
LEW2	Y = 12,60 + 0,43X	31.24	0.00	NS
LEW3	Y = 6,60 + 16,22X	4.17	0.65	**
REW1	Y = 16,08 - 15,98X	10.21	0.23	NS
REW2	Y = 11,32 + 23,75X	18.84	0.17	NS
REW3	Y = 3,31 + 23,96X	7.82	0.54	*
PEW1	Y = 17,29 - 11,13X	4.60	0.42	**
PEW2	Y = 11,19 + 12,09X	14.02	0.09	NS
PEW3	Y = 4,89 + 10,17X	2.7	0.64	**

LEW1 = peso do caput do epidídimo esquerdo, REWi = peso do caput do epidídimo direito
REW2 = corpo de peso epididimário direito, LEW2 = corpo de peso epididimário esquerdo
LEW 3 = peso epididimário esquerdo caudal, REW3 = peso epididimário direito caudal
PEW1 = peso epididimário emparelhado caput, PEW2 = peso epididimário emparelhado corpus,
PEW3 = peso epididimário emparelhado caudal.

Y= DSP= variável dependente ,X = variáveis independentes
SE = erro padrão da regressão
R^2 = coeficiente de determinação
2 * = nível de significância a 1% (P< 0,01)
3 = nível de significância a 5% (P>0,01<0,05)
NS = não significativo a (P>0,05)

As caraterísticas epididimárias acima (Tabela 9) têm uma melhor associação com a produção diária de esperma do que as caraterísticas anteriores examinadas. Os coeficientes de determinação variam de 0,00 a 0,65 com o peso do epidídimo esquerdo (caput) (LEW1) e o peso do epidídimo esquerdo (caudal) (LEW3) tendo o maior R^2 de 0,65 e alta associação significativa e positiva com a produção diária de esperma (P<0,01), seguido pelo peso do epidídimo caudal emparelhado (PEW3) tendo um coeficiente de determinação (R^2) de 0.64 e é igualmente fortemente associado com a produção diária de esperma (P<0,01), o peso epididimário emparelhado caput também é fortemente associado significativamente (P<0,01) com a produção diária de esperma, mas não tão forte como os três primeiros discutidos anteriormente, pois tem um coeficiente de determinação (R^2) de 0,42. O peso do epidídimo direito caudal (REW3) parece ter a associação menos significativa (P<0,05) com a produção diária de esperma (DSP), mas seu coeficiente de determinação (R^2), 0,54, é maior do que o observado no peso do testículo emparelhado caput. Isso significa que as equações de predição de LEW1, LEW3, são o preditor da produção espermática diária seguida pela do PEW3

Tabela 10: o coeficiente de regressão que prevê a produção espermática diária (DSP) a partir do peso corporal (BWT) e das medidas lineares corporais (BLM)

Caraterísticas	Função	SE	R2	Significado
BWT	Y = 8,38 + 0,00X	0.00	0.06	NS
TL	Y = 0,67 + 1,29X	1.10	1.15	NS
ERL	Y = 0,74 + 1,13X	0.77	0.21	NS
HTD	Y = -2,84 + 0,98X	0.39	0.08	NS
HGT	Y = -12,87 + 0,98X	0.92	0.12	NS
HTW	Y = 12,27 + 0,03X	1.22	0.00	NS
DST	Y = 9,41 + +0,08X	0.47	0.00	NS
BL	Y = -5,04 + 0,49X	0.73	0.05	NS

BWT = peso corporal, TL = comprimento da cauda, ERL = comprimento da orelha, HTD = queda da cabeça para a cauda, HTG = perímetro cardíaco, HTW = altura na cernelha, STD = queda do ombro para a cauda, BL = comprimento do corpo, DSP = produção diária de esperma Y= DSP= variável dependente, X = variáveis independentes SE = erro padrão da regressão
R^2 = coeficiente de determinação
4 * = nível de significância a 1% (P< 0,01)
5 = nível de significância a 5% (P>0,01<0,05)
NS = não significativo a (P>0,05)

Entre as medidas lineares do corpo acima (Tabela 10), o comprimento da orelha tem o maior coeficiente de determinação (R^2) de 0,21, mas todos eles estão fracamente associados à produção diária de esperma (DSP), pois seus coeficientes variam de 0,00 a 0,21 e não são significativos ($P > 0,05$). Isso significa que o peso corporal, que tem um coeficiente de 0,06, bem como as medidas lineares do corpo não são um bom preditor da produção diária de esperma, ao contrário da genitália externa.

CAPÍTULO 5

Discussão

Coeficientes de correlação entre a produção espermática diária, a genitália externa, as medidas lineares do corpo e os parâmetros pós-abate

A alta correlação significativa e positiva registada nesta experiência entre o peso do testículo emparelhado (PTW), o peso do testículo direito (RTW) e a produção diária de esperma (DSP) (r = 0.64, Pr < 0.01) está de acordo com Osinowo *et al.* (1987) que registaram uma alta correlação (r = 0.99) entre a circunferência escrotal e o peso do testículo e concluíram que isto está relacionado com a produção diária de esperma nos touros. Isto significa que tanto o peso do testículo emparelhado (PTW) como o testículo direito podem ser usados convenientemente para prever a produção diária de esperma (DSP) nos machos de coelho.

Ao contrário de Nkanga e Egbunike (1990) que registaram uma alta correlação (r = 0,61, P < 0,01) entre a produção diária de esperma e o peso corporal na galinha doméstica, uma fraca correlação (r = 0,25, P> 0.05) foi registada entre o peso corporal e a produção diária de esperma (DSP) nos coelhos utilizados para esta experiência, mas houve uma consonância entre as duas experiências em termos da relação entre a produção diária de esperma e o peso dos testículos emparelhados (PTW), uma vez que Nkanga e Egbunike registaram uma correlação elevada (r = 0,98, P <0,01) entre o PTW e a DSP. Em concordância com o relatório de Dauda e Shoyinka (1983) que registou uma correlação positiva elevada entre a circunferência escrotal (r =0,88) e os espermatozóides epididimários caudais (emparelhados), foi igualmente registada uma correlação positiva elevada (r =0,80, P = <0,01) nesta experiência entre o peso do testículo emparelhado e o peso epididimário caudal emparelhado.

O comprimento escrotal emparelhado (PSL) e o diâmetro escrotal emparelhado (PSD) dão uma alta correlação positiva (r = 0.40,P >0.05) com a produção diária de esperma nesta experiência e isto apoia o relatório de Carew e Egbunike (1980) que registou altas correlações significativas entre a produção diária de esperma (DSP) e o comprimento, largura e circunferência escrotal em patos de Maradi. Uma vez que a circunferência escrotal está altamente correlacionada positivamente com o comprimento escrotal emparelhado (PSL), o diâmetro escrotal emparelhado (PSD) e o

A produção diária de esperma (DSP), então tanto a PSL como a PSD podem ser usadas como indicadores para prever o potencial reprodutivo dos coelhos.

Em coelhos, Chineke (2000) referiu que o peso corporal está altamente correlacionado com a altura ao garrote, o perímetro cardíaco, a queda da cabeça à cauda e o comprimento da orelha, mas o peso corporal tem a maior correlação (r = 0,92 P < 0,01) com o HTD, seguido do STD (r = 0,84, P >0,01<0,05). Abdullah *et al.* (2003) referiram uma correlação positiva elevada entre o peso corporal e todas as medidas lineares do corpo, indicando que qualquer uma delas poderia ser utilizada na seleção em vez da outra. Os autores referiram ainda que a DTC parece ser o melhor indicador individual do peso corporal em coelhos, seguida do comprimento do corpo e da altura ao nível da cernelha. Os resultados desta experiência registaram uma correlação mais elevada com a queda da cabeça à cauda, seguida da queda da espádua à cauda, pelo que a DTC pode ser utilizada como indicador individual para determinar o peso corporal.

4.2.2 Equações de regressão que prevêem a produção diária de esperma a partir da genitália externa, das caraterísticas epididimárias, das caraterísticas pós-abate e das medidas lineares do corpo

A partir das equações de regressão que prevêem a produção espermática diária (DSP) a partir das caraterísticas pós-abate (tabela 7) e das medidas lineares corporais e do peso corporal (tabela 10), foram observadas associações muito fracas e não significativas entre a produção espermática diária e cada uma das caraterísticas em estudo, com o seu coeficiente de determinação (R^2) variando de 0,09 a 0,17 para as caraterísticas pós-abate e de 0,00 a 0,21 para as associações entre o peso corporal, as medidas lineares corporais e a produção espermática diária. Esta equação de regressão linear não se encaixa na predição da produção diária de esperma usando as caraterísticas pós-abate e as medidas lineares do corpo neste experimento. Uma regressão stepwise deve ser empregada no estudo subsequente para determinar o nível de associação entre essas caraterísticas e a produção diária de esperma.

Por outro lado, as equações de regressão que predizem a produção diária de esperma (DSP) a partir da genitália externa (tabela 8) mostram um nível de associação alto e significativo entre a DSP e a genitália externa. O peso do testículo direito (RTW) e o peso do testículo pareado estão significativamente associados com a DSP ($p>0,01<0,05$) com um coeficiente de determinação (R^2) de 0,41 cada. Com esta associação, a DSP pode ser prevista usando as equações de previsão que têm RTW e PTW como variáveis independentes.

Além disso, as equações de regressão que predizem a produção diária de esperma a partir das caraterísticas epididimárias (tabela 9) mostram algumas associações fortes entre essas caraterísticas e a produção diária de esperma (DSP). Esta associação tem coeficientes de determinação (R^2) variando de 0,00 a 0,65. O peso do epidídimo esquerdo (caput) (LEW1) e o peso do epidídimo esquerdo (Caudal) (LEW3) têm os maiores coeficientes de determinação (R^2) de 0,65 e estão significativamente associados ($P<0.01$) com a produção diária de esperma (DSP), o peso do testículo emparelhado (caudal) (PEW3), bem como o peso do testículo emparelhado (caput) (PEW1) têm igualmente uma forte associação com a produção diária de esperma com os coeficientes de determinação (R^2) de 0.64 e 0,42, respetivamente, a sua associação com a DSP também é significativa ($P<0,01$) e outra caraterística que poderia ser um bom preditor da DSP a partir desta tabela é o peso do epidídimo direito (caudal) (REW3) com um coeficiente de determinação (R^2) de 0,54 e é significativamente ($P<0,05$) associado com a produção diária de esperma. Outras caraterísticas nesta tabela são fracamente associadas com a DSP e são insignificantes. A partir das associações acima, LEW1, LEW3, PEW3 e PEW1 têm a associação mais forte e mais significativa com o DSP, portanto, cada um ou combinação destes poderia ser usado na previsão da produção diária de esperma dos coelhos.

CONCLUSÃO E RECOMENDAÇÃO

CONCLUSÃO

A predição da produção espermática diária (DSP) em pêlos de coelho usando o peso corporal, as medidas lineares do corpo e a genitália externa é o foco deste estudo experimental. Foram utilizados dez coelhos holandeses e foi utilizada a técnica de homogeneização para determinar a DSP. O estado de saúde dos animais experimentais foi verificado e as suas idades médias não eram significativamente diferentes.

O resultado da experiência mostra uma fraca correlação entre o peso corporal (BWT) e a produção diária de esperma (DSP), o que significa que o BWT não poderia ser um bom indicador para determinar a DSP, enquanto que o BWT se correlaciona muito bem com a queda da cabeça para a cauda (HTD) e a queda do ombro para a cauda (STD), o que significa que qualquer um dos dois poderia ser usado para determinar o peso corporal quando a balança não está disponível.

Entre as medidas lineares do corpo (BLM) correlacionadas com a DSP, o comprimento da orelha (ERL) parece ter a correlação positiva mais elevada, embora não seja significativa. A análise de correlação mostra ainda uma correlação positiva muito elevada entre o peso dos testículos emparelhados e a DSP. Além disso, o peso do epidídimo emparelhado (caudal) apresenta uma correlação muito elevada e positiva, a um nível muito significativo, com a DSP.

Entre os órgãos genitais externos, o comprimento e o diâmetro escrotal emparelhado, bem como o diâmetro escrotal direito, têm a maior correlação positiva com a DSP.

Foi efectuada uma análise de regressão para obter equações de previsão, utilizando as caraterísticas estudadas como variáveis dependentes, para estimar a produção diária de esperma. De um modo geral, o diâmetro escrotal emparelhado (DSE), o comprimento escrotal emparelhado (CPP), o comprimento escrotal direito (CPD), o peso do testículo emparelhado (PTW), o peso do epidídimo emparelhado caudal (PEW3) e o comprimento da orelha (CER) são bons indicadores para determinar a produção espermática diária em coelhos domésticos.

RECOMENDAÇÃO

Após a observação dos resultados desta investigação, devem ser efectuadas mais investigações no sentido de utilizar tanto o homogenato como a histologia testicular quantitativa (QTH) para determinar a DSP e devem ser tidas em consideração várias raças de coelhos com diferentes fases de desenvolvimento.

Além disso, para a realização de novas investigações sobre este assunto, deve ser utilizada uma amostra grande de coelhos para reduzir o erro experimental

REFERÊNCIAS

Abdullah, A.R.; Sokunbi, O.A.; Omisola, O.O. e Adewumi, M.K. (2003). Inter-relação entre o peso corporal e as medidas lineares do corpo em coelhos domésticos. Proc.NSAP conf. vol.28. pp.133-136.

Abdullahi, A. (1999). "Food Policy and Food Security in Nigeria", em: P. Kormawa e E. Aiyedun (eds): Food Demand and Market Studies in the Drier Savanna of Nigeria. Actas de um Workshop sobre Metodologia e Partes Interessadas, 7-8, setembro de 1999, Kaduna, Nigéria.

Adetunji, M.O. e Adepopoju, A.A. (2011). Avaliação do padrão de consumo de proteínas das famílias na Área de Governo Local de Orire do Estado de Oyo. Int'l. J. Agric. Eco.& Rural Devept. 4(2):72-82

Almquist, J. O. e Amann, R. P. (1962). Capacidade reprodutiva de touros leiteiros. Viii: Medição direta e indireta da produção de esperma testicular. J. Dairy Sci. 45:771781.

Almquist, J.O.; Branas, L.J. e Barber, K.A. (1976). Alterações pós-púberes na produção de sémen de touros charoleses ejaculados em alta frequência e a relação entre a medição testicular e a produção de esperma. J. Anim. Sci. 42(3): 670-676.

Al-Dobaib S.N. (2010). Efeito das dietas no crescimento, digestibilidade, carcaça e caraterísticas de qualidade da carne de quatro raças de coelhos. Saudi J Biol Sci. 17(1):83-93.

Amann, R. P., Kavanaugh, J. F., Griel, L. C. e Voglmayr, J. K. (1974). Produção de esperma de touros Holstein determinada a partir de reservas de espermatozóides testiculares, após a canulação do rete testis ou do canal deferente, e por ejaculação diária. J. Dairy Sci. 57, 93-99

Amann, R.P. (1970). Taxas de produção de espermatozóides. In: the testis. Ed. A.D. Johnson, W.R. Gomes e N.L. Van Denmark. Academic press, N.Y.

Amann, R.P. (1981). Uma visão crítica do método de avaliação da espermatogénese a partir das caraterísticas seminais. J. Andrology. 2: 37-58. Anim. Sci. 63: 1581-1586.

Attah-Krah, A.N. (1989). Disponibilidade e utilização de forragens, arbustos e árvores na África tropical. Em Devendra (ed): shrub and tree forrage for farm animal. Proc. de um seminário em Denpasa Indonésia, IDRC, Canadá.

Arthur, G.H. (1977).Vet.Reprod. 7 obsterics. 4th ed.The ELBS &Baillieru Tindall. Londres

Backett, S.D. (1974). Rutura induzida experimentalmente do corpo cavernoso do pénis do touro. America J. Vet. Res. 35: 765.

Bedford, J. M. (1963). Alterações morfológicas nos espermatozóides de coelho durante a passagem pelo epidídimo. J. Reprod. Fert. 5:169.

Bedford, J. M. (1966). Desenvolvimento da capacidade de fertilização dos espermatozóides no epidídimo do coelho. J. exp. Zool. 163;319.

Blockey, M.A. de B. (1980) Testicle size in bulls. Animal Production in Australia. 13:52-53.

Bishop, D.W(1970).Ageing and reproduction in the male.J.Reprod Fert.Suppli. 12:65-87.

Bongso, T. A.; Jainudeen, M. R. and Zahrah, A. S. (1982).Relationship of scrotal circum. to age, body weight and onset of spermatogenesis in goats. Theriogenology: an int'l. J. anim. Reprod. 18(5): 513-523.

Braun, W.F.; Thompson, J.M. e Ross, C.V. (1980). Ram SC measureme Theriogenology. 13: 221-229.

Byskov, A.G. (1986). Differentiation of mammalian embryonic gonad. Physiological Reviews. 66: 71-118.

Cameron, A.W.N.; Tilbrook, A.J.; Lindsay, D.R.; Keogh, E.J. e Fairnie, I.J. (1986). O efeito do peso testicular e da técnica de inseminação na fertilidade dos ovinos.

Anim. Reprod. Sci. 12:189-194.

Carew, B. e Egbunike, G.N. (1980). Taxa de produção de esperma em cabras Maradi geridas extensivamente num ambiente tropical. In: 9th int'l. Congresso Internacional de Reprod. Reprod.& inseminação artificial. 16 -20^{thth} junho, 1980. Madrid, Espanha.

Carrick, F.N. e Setchell, B.P. (1977). A avaliação do escroto. In: reprod. and evaluation, eds. Calabu, J e C.H. Tyndale-Biscoe 165-170. Aust. Acad.Sci. camberra.

ChartsBin statistics collector team 2011, Daily Protein Intake Per Capita, ChartsBin.com, viewed 12th January, 2016, <http://chartsbin.com/view/1155>.

Cheeke, P. R. (1986). Potencialidades da produção de coelhos em sistemas agrícolas tropicais e subtropicais. Journal of Animal Science (63): 1581-1856

Chen, C.P.; Rao, D.R.; Sunki, G.R. e Johnson, W.M. (1978). Effects of weaning & slaughter ages upon rabbit meat prod. I. peso corporal, eficiência alimentar e mortalidade. J. Anim. Sci. 46(3): 573-577

Chineke, C.A.(2000). Characterization of physical body traits of domestic rabbit in the humid tropics, proc.25th Annual conf., NSAP, 19-23 March, 2000, Umudike, pp237.

Coulter, G.H. e Foote, R.H. (1979). Medidas testiculares bovinas como indicadores de potenciais reprodutivos e sua relação com caraterísticas produtivas em bovinos. A review. Theriogenology II. 298-311.

Coulter, G.H.; Rounsaville, T.R. e Foote, R.H. (1976). Hereditariedade do tamanho e consistência testiculares em touros Holstein. J. Anim. Sci. 43:9 Cupps 3rd ed. Academic Press NY.

Dauda, C. S. e Shoyinka, V. (1983). Circunferência escrotal, produção diária de esperma e espermatozóides epididimários dos touros indígenas Bunaji & Sokoto Gudali na Nigéria. Br. Vet J. 139: 487-489.

De Blas J.C., Taboada E., Mateos G.G., Nicodemus N., Méndez J. (1995). Efeito da substituição de amido por fibra e gordura em dietas isoenergéticas sobre a digestibilidade dos nutrientes e o desempenho reprodutivo de coelhos. J. Anim. Sci. 73, 1131-1137.

Devendra, C. & Burns, M. (1983). Goat Production in the Tropics. (2ª Edição) (Tech. Comm. No. 19. Commonwealth Bureau of Animal Breeding and Genetics) Commonwealth Agricultural Bureaux: Farnham Royal, Reino Unido.

Dott, H.M. e Skimmer, J. (1967). Avaliação das reservas de esperma extragonadal em carneiros suftolk. J. Agric. Sci. (camb) 69; 293-295.

Dyce, K.M.; Sack, W.O. e Wensing, C.J.G. (1996). Textbook of vet. Anatomy 2nd ed. Phil. W.B. saunders.

Egbunike, G.N. e Elemo, A.O. (1978). Reservas testiculares e epididimárias de esperma de javalis europeus cruzados criados e mantidos nos trópicos húmidos. J. Reprod. Fert. 54: 245-248.

FAO/WHO/UNU (1985). Necessidades energéticas e proteicas. Relatório de uma consulta conjunta de peritos da FAO/OMS/ONU. Relatório técnico série 724. Genebra: OMS, 1985.

FAO (1992). O estado da segurança alimentar no mundo. Relatório de progresso sobre a fome no mundo; Roma.

Fawcett, D.W. (1975). Ultra estrutura e função da célula de sertoli. In: hand book of Physio., male reproduction. Sys. American physio. Soc. Washington. pp. 21-55.

Fawcett, D.W. (1986). Bloom and Fawcett: a textbook of histology, 11th ed. Phil: W.B. Saunders.

Fetuga, B. L. (1977): Animal production and feed supplies. Nig. J. of Anim. Prod. 4(1):19-41.

Foote, W.C.; Pope, A.L.; Nicholas, R.E. e Casida, L.E. (1970). O efeito da variação da temperatura ambiente. 7 na temperatura rectal e do testículo de carneiros tosquiados J.Anim. Sci. 16: 144-150.

Frandson, R.D. (1992). Anatomia e fisiologia dos animais de criação 5th ed. Phil. Lea & Ferbiger.
Genuth, S.M. (1998). A glândula reprodutora. In: Berne R.M. Levy, M.N. eds. Physio. 2nd ed. St. St. Louis C.V. Mosby pp. 983-1024.
Gherardi, P.B.; Lindsay, D.R. e Oldham, C.M. (1980). Tamanho dos testículos em touros. Proc. Aust. Soc. Anim. Prod. 13: 52-538.
Gray, S.G. (1970). The place of trees and shrub as a source of forage in tropical and subtropical pasture. Tropical grassland Vol. 4 (1) 57-62.
Gondos, B.; Rentson, R.H. e Conner, L.A. (1973). Ultra estrutura de células germinativas e células de Sertoli no testículo de coelhos pós-natal Ame. J. Anat. 136: 427-440.
Hafez, E.S.E. (1968). Reprod. em animais de criação. 2nd ed. Lea e Ferbiger. Philadelphia.
Hafez, E.S.E. (1993). Reprod. in farm animals 6th ed. Phil.; Lea e Ferbiger.
Hahn, J.; Foote, R.H. e Seldel, G.E. Jr. (1969). Crescimento testicular e produção de esperma relacionada em touros leiteiros. J. Anim. Sci. 29: 41-47.
Haley, C. S.; Lee, G.J.; Ritchie, M. e Land, R. B. (1990). Respostas diretas em machos e respostas correlacionadas para reprodução em fêmeas à seleção para testículos ajustados ao peso corporal em borregos machos jovens. J. Reprod. Fert.89:383-384.
Igboeli, G. e Rakha, A. M. (1971). Reservas de esperma gonadal e extra gonadal de touros indígenas da África Central. J. Reprod. Fert. 25: 107-109.
Ikeme A. I. (1990): Ciência e tecnologia da carne em África. Federal Publishers Ltd. lbadan. Pp 112-113
Lino, B.F. (1972). A produção de espermatozóides em carneiros. II. Relação com SC, TW e o 359-366.
Lusigi, W.J., Nkuraziza, E.R. e Masheti, S. (1984). Forage preference of livestock in and land of northern Kenya (Preferência forrageira do gado em terras do norte do Quénia). J. of Range Management. 37: 542-549
Marire, B.N. (1987). Previsão da produção de esperma a partir de SC em patos Red Sokoto. Proc. 11th Annual Conf. NSAP, ABU, Zaria. 23-27 de março 148-151.
Memon, A.M. (1983). Large animals practice vol.5 (613-619).Vet. Clinic of North America.
Nistor, E. Bampidis, V. A. Pacala, N. Pentea, M. Tozer, J. Prundeanu. H. (2013). Conteúdo de nutrientes da carne de coelho em comparação com a carne de frango, carne bovina e suína. J. Anim. Prod.
Adv. 3(4): 172-176
Njidda, A.A. (2010). Composição química, fração de fibra e substâncias antinutricionais de forragens semi-áridas do Nordeste da Nigéria. Nig. J. of Basic& Appli. Sci. 18(2): 181-188.
Nkanga, E.E. e Egbunike, G.N. (1990). Produção diária de esperma da galinha doméstica (Gallus gallus) determinada pelos métodos quantitativos da histologia testicular e do homogenato. J. Trop. Anim. Prod. 1:1-18
Omole, T. A. (1988): Formulação de alimentos para coelhos com base na utilização de ingredientes não convencionais: problemas e perspectivas. Trabalho apresentado no seminário sobre formulação alternativa de alimentos para animais na Nigéria, realizado em ARMTI, Ilorin, Nigéria.
Ortavant, R.M. (1974). Climate & reprod. performance of domestic animals. Proc. do Simpósio Internacional sobre produção animal nos trópicos. 26-29. março de 1973.
Ortavant, R.M.; Courot; e Hachereau de-Revier, M.T. (1977). Espermatogénese dos animais domésticos. In: reprod. dos animais domésticos. Ed. H.H. Cole e P.T.
Osinowo, O.A.; Molokun, E.C.I. e Osun, D.I. (1981). Crescimento e desenvolvimento testicular em touros Bunaji. J. Anim. Prod. Res. 1(1): 1-12.

Osinowo, O.A. e Ekpe, G.A. (1985). Intervalos pós-parto para o estro e conceção em ovelhas Yankasa. Journal of Agricultural Science, 104: 253-255.
Osinowo, O.A.; Molokun, E.C.I. e Osun, D.I. (1987). Crescimento e desenvolvimento testicular em touros Bunaji. J. Anim. Prod. Res. 1(1): 1-12.
Paufler, S. K. e Foote, R. H. (1968). Morfologia, motilidade e fertilidade de espermatozóides recuperados de diferentes áreas de epidídimos de coelho ligados. J. Reprod. Fert. 17: 125-137.
Raharjo, Y.C., Cheeke, R.R., e Patton, N.M. (1986). Avaliação de subprodutos de forragens tropicais utilizados na produção de coelhos. Nutrient digestibility and effect of heat trearment J. of Appl. Rabbit Res. Vol. 9: No.2
Rao, D.R.; Sunki, G.R.; Johnson, W.M. e Chen, C.P. (1977). Crescimento pós-natal do coelho NZW. J. Anim. Sci. 44: 1021-1025.
Ritzen, E.M.; Hanson, V. e French, F.S. (1981). The sertoli cells In: the testis, pp. 171194. eds. H.G. Burger e D.M. dekrester. Reven press, N.Y.
SAS (1999). Sistema de Análise Estatística. Guia do utilizador: estatística. SAS Institute Inc. Cary NC 275513 USA.
Smith, M.F.; Morris, D.L.; Amoss, M.S.; Paish, N.R.; Williams, J.D. e Wiltbank, J.N. (1981). Relações entre fertilidade, SC, qualidade seminal e libido em touros Santa gertrudis. Theriogenology.16:379-397.
Steinberger, E. (1971). Hormonal control of mammalian spermatogenesis Physiol. Revs. 51: 1-22.
Swierstra, E.E. (1968). Citologia e duração do ciclo do epitélio seminífero do javali; duração do trânsito dos espermatozóides através do epidídimo. Anat.
Swenson, M. J. e Reece, W. O. (1993): Duke's physiology of domestic animals. 11ª ed. Ithaca, NY: Cornell University Press. Pp 665-667.
Willet, E.L. e Ohm, J.I. (1957). Medição do tamanho dos testículos e sua relação com a produção de espermatozóides pelos machos. J. Dairy Sci. 40: 1559-1569.

Printed by Books on Demand GmbH, Norderstedt / Germany